Password Keeper

snapping turtle

Treasures Collection

ISBN-13: 978-1500294526

ISBN-10: 1500294527

Tips for creating a strong password

The stronger your password, the harder you make if for hackers or malicious software to access your private information, or worse, your accounts.

Ensure you have strong passwords for all your online accounts in addition to your smartphone, iPad, or other electronic devices.

What makes a password strong?

- It's at least eight characters long.
- It doesn't contain your user name, real name, company name or the names of children or pets that an enterprising hacker can find on your Facebook or LinkedIn account.
- It does not contain a complete word on its own.
- It is significantly different from previous passwords you may have used in the past.
- It has characters from each of the following categories:

Uppercase letters	A, B, C
Lowercase letters	a, b, c
Numbers	0, 1, 2, 3, 4, 5, 6, 7, 8, 9
Symbols found on the keyboard	` ~ ! @ # $ % ^ & * ( ) _ - + = { } [ ] \	: ; " ' < > , . ? /

A password might meet all the criteria above and still be easy to hack. For example, **Welcome123!** meets all the criteria for a strong password, but it's weak because it contains a complete word. **W3lc0m3 !** is a better alternative because it replaces some of the letters with numbers and also includes a space.

How to use the Password Keeper

- Do not write your name or contact details on this book. If you lose it and someone finds it, you don't want them using it to access your accounts. If necessary, write a cell number in it, but not your work number where the company and possibly you, can be identified.
- Do not include complete passwords.
- Make the hints something only you will understand.
- Don't enter your complete recovery email address .
- Don't enter your complete cell address.
- Cross out the old password and replace it with a new one every six months at a maximum, preferably sooner.

Sample

Name	Work logon
URL	www.work.com
User Name	my name
Recovery email	Fred1989@xxxx.com
Recovery cell#	Xxx258479
Password	Z0mBi3xxxx
Password hint	Fave movie

Name	
URL	
User Name	
Recovery email	
Recovery cell#	
Password	
Password hint	
Password	
Password hint	
Password	
Password hint	
Password	
Password hint	
Password	
Password hint	
Password	
Password hint	
Password	
Password hint	
Password	
Password hint	

Name`	
URL	
User Name	
Recovery email	
Recovery cell#	
Password	
Password hint	
Password	
Password hint	
Password	
Password hint	
Password	
Password hint	
Password	
Password hint	
Password	
Password hint	
Password	
Password hint	
Password	
Password hint	

Name	
URL	
User Name	
Recovery email	
Recovery cell#	
Password	
Password hint	
Password	
Password hint	
Password	
Password hint	
Password	
Password hint	
Password	
Password hint	
Password	
Password hint	
Password	
Password hint	
Password	
Password hint	

Name	
URL	
User Name	
Recovery email	
Recovery cell#	
Password	
Password hint	
Password	
Password hint	
Password	
Password hint	
Password	
Password hint	
Password	
Password hint	
Password	
Password hint	
Password	
Password hint	
Password	
Password hint	

Name	
URL	
User Name	
Recovery email	
Recovery cell#	
Password	
Password hint	
Password	
Password hint	
Password	
Password hint	
Password	
Password hint	
Password	
Password hint	
Password	
Password hint	
Password	
Password hint	
Password	
Password hint	

Name	
URL	
User Name	
Recovery email	
Recovery cell#	
Password	
Password hint	
Password	
Password hint	
Password	
Password hint	
Password	
Password hint	
Password	
Password hint	
Password	
Password hint	
Password	
Password hint	
Password	
Password hint	

Name	
URL	
User Name	
Recovery email	
Recovery cell#	
Password	
Password hint	
Password	
Password hint	
Password	
Password hint	
Password	
Password hint	
Password	
Password hint	
Password	
Password hint	
Password	
Password hint	
Password	
Password hint	

Name	
URL	
User Name	
Recovery email	
Recovery cell#	
Password	
Password hint	
Password	
Password hint	
Password	
Password hint	
Password	
Password hint	
Password	
Password hint	
Password	
Password hint	
Password	
Password hint	
Password	
Password hint	

Name	
URL	
User Name	
Recovery email	
Recovery cell#	
Password	
Password hint	
Password	
Password hint	
Password	
Password hint	
Password	
Password hint	
Password	
Password hint	
Password	
Password hint	
Password	
Password hint	
Password	
Password hint	

Name	
URL	
User Name	
Recovery email	
Recovery cell#	
Password	
Password hint	
Password	
Password hint	
Password	
Password hint	
Password	
Password hint	
Password	
Password hint	
Password	
Password hint	
Password	
Password hint	
Password	
Password hint	

Name	
URL	
User Name	
Recovery email	
Recovery cell#	
Password	
Password hint	
Password	
Password hint	
Password	
Password hint	
Password	
Password hint	
Password	
Password hint	
Password	
Password hint	
Password	
Password hint	
Password	
Password hint	

Name	
URL	
User Name	
Recovery email	
Recovery cell#	
Password	
Password hint	
Password	
Password hint	
Password	
Password hint	
Password	
Password hint	
Password	
Password hint	
Password	
Password hint	
Password	
Password hint	
Password	
Password hint	

Name	
URL	
User Name	
Recovery email	
Recovery cell#	
Password	
Password hint	
Password	
Password hint	
Password	
Password hint	
Password	
Password hint	
Password	
Password hint	
Password	
Password hint	
Password	
Password hint	
Password	
Password hint	

Name	
URL	
User Name	
Recovery email	
Recovery cell#	
Password	
Password hint	
Password	
Password hint	
Password	
Password hint	
Password	
Password hint	
Password	
Password hint	
Password	
Password hint	
Password	
Password hint	
Password	
Password hint	

Name	
URL	
User Name	
Recovery email	
Recovery cell#	
Password	
Password hint	
Password	
Password hint	
Password	
Password hint	
Password	
Password hint	
Password	
Password hint	
Password	
Password hint	
Password	
Password hint	
Password	
Password hint	

Name	
URL	
User Name	
Recovery email	
Recovery cell#	
Password	
Password hint	
Password	
Password hint	
Password	
Password hint	
Password	
Password hint	
Password	
Password hint	
Password	
Password hint	
Password	
Password hint	
Password	
Password hint	

Name	
URL	
User Name	
Recovery email	
Recovery cell#	
Password	
Password hint	
Password	
Password hint	
Password	
Password hint	
Password	
Password hint	
Password	
Password hint	
Password	
Password hint	
Password	
Password hint	
Password	
Password hint	

Name	
URL	
User Name	
Recovery email	
Recovery cell#	
Password	
Password hint	
Password	
Password hint	
Password	
Password hint	
Password	
Password hint	
Password	
Password hint	
Password	
Password hint	
Password	
Password hint	
Password	
Password hint	

Name	
URL	
User Name	
Recovery email	
Recovery cell#	
Password	
Password hint	
Password	
Password hint	
Password	
Password hint	
Password	
Password hint	
Password	
Password hint	
Password	
Password hint	
Password	
Password hint	
Password	
Password hint	

Name	
URL	
User Name	
Recovery email	
Recovery cell#	
Password	
Password hint	
Password	
Password hint	
Password	
Password hint	
Password	
Password hint	
Password	
Password hint	
Password	
Password hint	
Password	
Password hint	
Password	
Password hint	

Name	
URL	
User Name	
Recovery email	
Recovery cell#	
Password	
Password hint	
Password	
Password hint	
Password	
Password hint	
Password	
Password hint	
Password	
Password hint	
Password	
Password hint	
Password	
Password hint	
Password	
Password hint	

Name	
URL	
User Name	
Recovery email	
Recovery cell#	
Password	
Password hint	
Password	
Password hint	
Password	
Password hint	
Password	
Password hint	
Password	
Password hint	
Password	
Password hint	
Password	
Password hint	
Password	
Password hint	

Name	
URL	
User Name	
Recovery email	
Recovery cell#	
Password	
Password hint	
Password	
Password hint	
Password	
Password hint	
Password	
Password hint	
Password	
Password hint	
Password	
Password hint	
Password	
Password hint	
Password	
Password hint	

Name	
URL	
User Name	
Recovery email	
Recovery cell#	
Password	
Password hint	
Password	
Password hint	
Password	
Password hint	
Password	
Password hint	
Password	
Password hint	
Password	
Password hint	
Password	
Password hint	
Password	
Password hint	

Name	
URL	
User Name	
Recovery email	
Recovery cell#	
Password	
Password hint	
Password	
Password hint	
Password	
Password hint	
Password	
Password hint	
Password	
Password hint	
Password	
Password hint	
Password	
Password hint	
Password	
Password hint	

Name	
URL	
User Name	
Recovery email	
Recovery cell#	
Password	
Password hint	
Password	
Password hint	
Password	
Password hint	
Password	
Password hint	
Password	
Password hint	
Password	
Password hint	
Password	
Password hint	
Password	
Password hint	

Name	
URL	
User Name	
Recovery email	
Recovery cell#	
Password	
Password hint	
Password	
Password hint	
Password	
Password hint	
Password	
Password hint	
Password	
Password hint	
Password	
Password hint	
Password	
Password hint	
Password	
Password hint	

Name	
URL	
User Name	
Recovery email	
Recovery cell#	
Password	
Password hint	
Password	
Password hint	
Password	
Password hint	
Password	
Password hint	
Password	
Password hint	
Password	
Password hint	
Password	
Password hint	
Password	
Password hint	

Name	
URL	
User Name	
Recovery email	
Recovery cell#	
Password	
Password hint	
Password	
Password hint	
Password	
Password hint	
Password	
Password hint	
Password	
Password hint	
Password	
Password hint	
Password	
Password hint	
Password	
Password hint	

Name	
URL	
User Name	
Recovery email	
Recovery cell#	
Password	
Password hint	
Password	
Password hint	
Password	
Password hint	
Password	
Password hint	
Password	
Password hint	
Password	
Password hint	
Password	
Password hint	
Password	
Password hint	

Name	
URL	
User Name	
Recovery email	
Recovery cell#	
Password	
Password hint	
Password	
Password hint	
Password	
Password hint	
Password	
Password hint	
Password	
Password hint	
Password	
Password hint	
Password	
Password hint	
Password	
Password hint	

Name`	
URL	
User Name	
Recovery email	
Recovery cell#	
Password	
Password hint	
Password	
Password hint	
Password	
Password hint	
Password	
Password hint	
Password	
Password hint	
Password	
Password hint	
Password	
Password hint	
Password	
Password hint	

Name	
URL	
User Name	
Recovery email	
Recovery cell#	
Password	
Password hint	
Password	
Password hint	
Password	
Password hint	
Password	
Password hint	
Password	
Password hint	
Password	
Password hint	
Password	
Password hint	
Password	
Password hint	

Name`	
URL	
User Name	
Recovery email	
Recovery cell#	
Password	
Password hint	
Password	
Password hint	
Password	
Password hint	
Password	
Password hint	
Password	
Password hint	
Password	
Password hint	
Password	
Password hint	
Password	
Password hint	

Name	
URL	
User Name	
Recovery email	
Recovery cell#	
Password	
Password hint	
Password	
Password hint	
Password	
Password hint	
Password	
Password hint	
Password	
Password hint	
Password	
Password hint	
Password	
Password hint	
Password	
Password hint	

Name`	
URL	
User Name	
Recovery email	
Recovery cell#	
Password	
Password hint	
Password	
Password hint	
Password	
Password hint	
Password	
Password hint	
Password	
Password hint	
Password	
Password hint	
Password	
Password hint	
Password	
Password hint	

Name	
URL	
User Name	
Recovery email	
Recovery cell#	
Password	
Password hint	
Password	
Password hint	
Password	
Password hint	
Password	
Password hint	
Password	
Password hint	
Password	
Password hint	
Password	
Password hint	
Password	
Password hint	

Name`	
URL	
User Name	
Recovery email	
Recovery cell#	
Password	
Password hint	
Password	
Password hint	
Password	
Password hint	
Password	
Password hint	
Password	
Password hint	
Password	
Password hint	
Password	
Password hint	
Password	
Password hint	

Name	
URL	
User Name	
Recovery email	
Recovery cell#	
Password	
Password hint	
Password	
Password hint	
Password	
Password hint	
Password	
Password hint	
Password	
Password hint	
Password	
Password hint	
Password	
Password hint	
Password	
Password hint	

Name`	
URL	
User Name	
Recovery email	
Recovery cell#	
Password	
Password hint	
Password	
Password hint	
Password	
Password hint	
Password	
Password hint	
Password	
Password hint	
Password	
Password hint	
Password	
Password hint	
Password	
Password hint	

Name	
URL	
User Name	
Recovery email	
Recovery cell#	
Password	
Password hint	
Password	
Password hint	
Password	
Password hint	
Password	
Password hint	
Password	
Password hint	
Password	
Password hint	
Password	
Password hint	
Password	
Password hint	

Name`	
URL	
User Name	
Recovery email	
Recovery cell#	
Password	
Password hint	
Password	
Password hint	
Password	
Password hint	
Password	
Password hint	
Password	
Password hint	
Password	
Password hint	
Password	
Password hint	
Password	
Password hint	

Name	
URL	
User Name	
Recovery email	
Recovery cell#	
Password	
Password hint	
Password	
Password hint	
Password	
Password hint	
Password	
Password hint	
Password	
Password hint	
Password	
Password hint	
Password	
Password hint	
Password	
Password hint	

Name`	
URL	
User Name	
Recovery email	
Recovery cell#	
Password	
Password hint	
Password	
Password hint	
Password	
Password hint	
Password	
Password hint	
Password	
Password hint	
Password	
Password hint	
Password	
Password hint	
Password	
Password hint	

Name	
URL	
User Name	
Recovery email	
Recovery cell#	
Password	
Password hint	
Password	
Password hint	
Password	
Password hint	
Password	
Password hint	
Password	
Password hint	
Password	
Password hint	
Password	
Password hint	
Password	
Password hint	

Name`	
URL	
User Name	
Recovery email	
Recovery cell#	
Password	
Password hint	
Password	
Password hint	
Password	
Password hint	
Password	
Password hint	
Password	
Password hint	
Password	
Password hint	
Password	
Password hint	
Password	
Password hint	

Name	
URL	
User Name	
Recovery email	
Recovery cell#	
Password	
Password hint	
Password	
Password hint	
Password	
Password hint	
Password	
Password hint	
Password	
Password hint	
Password	
Password hint	
Password	
Password hint	
Password	
Password hint	

Name`	
URL	
User Name	
Recovery email	
Recovery cell#	
Password	
Password hint	
Password	
Password hint	
Password	
Password hint	
Password	
Password hint	
Password	
Password hint	
Password	
Password hint	
Password	
Password hint	
Password	
Password hint	

Name	
URL	
User Name	
Recovery email	
Recovery cell#	
Password	
Password hint	
Password	
Password hint	
Password	
Password hint	
Password	
Password hint	
Password	
Password hint	
Password	
Password hint	
Password	
Password hint	
Password	
Password hint	

Name`	
URL	
User Name	
Recovery email	
Recovery cell#	
Password	
Password hint	
Password	
Password hint	
Password	
Password hint	
Password	
Password hint	
Password	
Password hint	
Password	
Password hint	
Password	
Password hint	
Password	
Password hint	

Name	
URL	
User Name	
Recovery email	
Recovery cell#	
Password	
Password hint	
Password	
Password hint	
Password	
Password hint	
Password	
Password hint	
Password	
Password hint	
Password	
Password hint	
Password	
Password hint	
Password	
Password hint	

Name`	
URL	
User Name	
Recovery email	
Recovery cell#	
Password	
Password hint	
Password	
Password hint	
Password	
Password hint	
Password	
Password hint	
Password	
Password hint	
Password	
Password hint	
Password	
Password hint	
Password	
Password hint	

Name	
URL	
User Name	
Recovery email	
Recovery cell#	
Password	
Password hint	
Password	
Password hint	
Password	
Password hint	
Password	
Password hint	
Password	
Password hint	
Password	
Password hint	
Password	
Password hint	
Password	
Password hint	

Name`	
URL	
User Name	
Recovery email	
Recovery cell#	
Password	
Password hint	
Password	
Password hint	
Password	
Password hint	
Password	
Password hint	
Password	
Password hint	
Password	
Password hint	
Password	
Password hint	
Password	
Password hint	

Name	
URL	
User Name	
Recovery email	
Recovery cell#	
Password	
Password hint	
Password	
Password hint	
Password	
Password hint	
Password	
Password hint	
Password	
Password hint	
Password	
Password hint	
Password	
Password hint	
Password	
Password hint	

Name`	
URL	
User Name	
Recovery email	
Recovery cell#	
Password	
Password hint	
Password	
Password hint	
Password	
Password hint	
Password	
Password hint	
Password	
Password hint	
Password	
Password hint	
Password	
Password hint	
Password	
Password hint	

Name	
URL	
User Name	
Recovery email	
Recovery cell#	
Password	
Password hint	
Password	
Password hint	
Password	
Password hint	
Password	
Password hint	
Password	
Password hint	
Password	
Password hint	
Password	
Password hint	
Password	
Password hint	

Name`	
URL	
User Name	
Recovery email	
Recovery cell#	
Password	
Password hint	
Password	
Password hint	
Password	
Password hint	
Password	
Password hint	
Password	
Password hint	
Password	
Password hint	
Password	
Password hint	
Password	
Password hint	

Name	
URL	
User Name	
Recovery email	
Recovery cell#	
Password	
Password hint	
Password	
Password hint	
Password	
Password hint	
Password	
Password hint	
Password	
Password hint	
Password	
Password hint	
Password	
Password hint	
Password	
Password hint	

Name`	
URL	
User Name	
Recovery email	
Recovery cell#	
Password	
Password hint	
Password	
Password hint	
Password	
Password hint	
Password	
Password hint	
Password	
Password hint	
Password	
Password hint	
Password	
Password hint	
Password	
Password hint	

Name	
URL	
User Name	
Recovery email	
Recovery cell#	
Password	
Password hint	
Password	
Password hint	
Password	
Password hint	
Password	
Password hint	
Password	
Password hint	
Password	
Password hint	
Password	
Password hint	
Password	
Password hint	

Name`	
URL	
User Name	
Recovery email	
Recovery cell#	
Password	
Password hint	
Password	
Password hint	
Password	
Password hint	
Password	
Password hint	
Password	
Password hint	
Password	
Password hint	
Password	
Password hint	
Password	
Password hint	

Name	
URL	
User Name	
Recovery email	
Recovery cell#	
Password	
Password hint	
Password	
Password hint	
Password	
Password hint	
Password	
Password hint	
Password	
Password hint	
Password	
Password hint	
Password	
Password hint	
Password	
Password hint	

Name`	
URL	
User Name	
Recovery email	
Recovery cell#	
Password	
Password hint	
Password	
Password hint	
Password	
Password hint	
Password	
Password hint	
Password	
Password hint	
Password	
Password hint	
Password	
Password hint	
Password	
Password hint	

Name	
URL	
User Name	
Recovery email	
Recovery cell#	
Password	
Password hint	
Password	
Password hint	
Password	
Password hint	
Password	
Password hint	
Password	
Password hint	
Password	
Password hint	
Password	
Password hint	
Password	
Password hint	

Name`	
URL	
User Name	
Recovery email	
Recovery cell#	
Password	
Password hint	
Password	
Password hint	
Password	
Password hint	
Password	
Password hint	
Password	
Password hint	
Password	
Password hint	
Password	
Password hint	
Password	
Password hint	

Name	
URL	
User Name	
Recovery email	
Recovery cell#	
Password	
Password hint	
Password	
Password hint	
Password	
Password hint	
Password	
Password hint	
Password	
Password hint	
Password	
Password hint	
Password	
Password hint	
Password	
Password hint	

Name`	
URL	
User Name	
Recovery email	
Recovery cell#	
Password	
Password hint	
Password	
Password hint	
Password	
Password hint	
Password	
Password hint	
Password	
Password hint	
Password	
Password hint	
Password	
Password hint	
Password	
Password hint	

Name	
URL	
User Name	
Recovery email	
Recovery cell#	
Password	
Password hint	
Password	
Password hint	
Password	
Password hint	
Password	
Password hint	
Password	
Password hint	
Password	
Password hint	
Password	
Password hint	
Password	
Password hint	

Name`	
URL	
User Name	
Recovery email	
Recovery cell#	
Password	
Password hint	
Password	
Password hint	
Password	
Password hint	
Password	
Password hint	
Password	
Password hint	
Password	
Password hint	
Password	
Password hint	
Password	
Password hint	

Name	
URL	
User Name	
Recovery email	
Recovery cell#	
Password	
Password hint	
Password	
Password hint	
Password	
Password hint	
Password	
Password hint	
Password	
Password hint	
Password	
Password hint	
Password	
Password hint	
Password	
Password hint	

Name`	
URL	
User Name	
Recovery email	
Recovery cell#	
Password	
Password hint	
Password	
Password hint	
Password	
Password hint	
Password	
Password hint	
Password	
Password hint	
Password	
Password hint	
Password	
Password hint	
Password	
Password hint	

Name	
URL	
User Name	
Recovery email	
Recovery cell#	
Password	
Password hint	
Password	
Password hint	
Password	
Password hint	
Password	
Password hint	
Password	
Password hint	
Password	
Password hint	
Password	
Password hint	
Password	
Password hint	

Name`	
URL	
User Name	
Recovery email	
Recovery cell#	
Password	
Password hint	
Password	
Password hint	
Password	
Password hint	
Password	
Password hint	
Password	
Password hint	
Password	
Password hint	
Password	
Password hint	
Password	
Password hint	

Name	
URL	
User Name	
Recovery email	
Recovery cell#	
Password	
Password hint	
Password	
Password hint	
Password	
Password hint	
Password	
Password hint	
Password	
Password hint	
Password	
Password hint	
Password	
Password hint	
Password	
Password hint	

Name`	
URL	
User Name	
Recovery email	
Recovery cell#	
Password	
Password hint	
Password	
Password hint	
Password	
Password hint	
Password	
Password hint	
Password	
Password hint	
Password	
Password hint	
Password	
Password hint	
Password	
Password hint	

Name	
URL	
User Name	
Recovery email	
Recovery cell#	
Password	
Password hint	
Password	
Password hint	
Password	
Password hint	
Password	
Password hint	
Password	
Password hint	
Password	
Password hint	
Password	
Password hint	
Password	
Password hint	

Name`	
URL	
User Name	
Recovery email	
Recovery cell#	
Password	
Password hint	
Password	
Password hint	
Password	
Password hint	
Password	
Password hint	
Password	
Password hint	
Password	
Password hint	
Password	
Password hint	
Password	
Password hint	

Name	
URL	
User Name	
Recovery email	
Recovery cell#	
Password	
Password hint	
Password	
Password hint	
Password	
Password hint	
Password	
Password hint	
Password	
Password hint	
Password	
Password hint	
Password	
Password hint	
Password	
Password hint	

Name`	
URL	
User Name	
Recovery email	
Recovery cell#	
Password	
Password hint	
Password	
Password hint	
Password	
Password hint	
Password	
Password hint	
Password	
Password hint	
Password	
Password hint	
Password	
Password hint	
Password	
Password hint	

Name	
URL	
User Name	
Recovery email	
Recovery cell#	
Password	
Password hint	
Password	
Password hint	
Password	
Password hint	
Password	
Password hint	
Password	
Password hint	
Password	
Password hint	
Password	
Password hint	
Password	
Password hint	

Name`	
URL	
User Name	
Recovery email	
Recovery cell#	
Password	
Password hint	
Password	
Password hint	
Password	
Password hint	
Password	
Password hint	
Password	
Password hint	
Password	
Password hint	
Password	
Password hint	
Password	
Password hint	

Name	
URL	
User Name	
Recovery email	
Recovery cell#	
Password	
Password hint	
Password	
Password hint	
Password	
Password hint	
Password	
Password hint	
Password	
Password hint	
Password	
Password hint	
Password	
Password hint	
Password	
Password hint	

Name`	
URL	
User Name	
Recovery email	
Recovery cell#	
Password	
Password hint	
Password	
Password hint	
Password	
Password hint	
Password	
Password hint	
Password	
Password hint	
Password	
Password hint	
Password	
Password hint	
Password	
Password hint	

Name	
URL	
User Name	
Recovery email	
Recovery cell#	
Password	
Password hint	
Password	
Password hint	
Password	
Password hint	
Password	
Password hint	
Password	
Password hint	
Password	
Password hint	
Password	
Password hint	
Password	
Password hint	

Name`	
URL	
User Name	
Recovery email	
Recovery cell#	
Password	
Password hint	
Password	
Password hint	
Password	
Password hint	
Password	
Password hint	
Password	
Password hint	
Password	
Password hint	
Password	
Password hint	
Password	
Password hint	

Name	
URL	
User Name	
Recovery email	
Recovery cell#	
Password	
Password hint	
Password	
Password hint	
Password	
Password hint	
Password	
Password hint	
Password	
Password hint	
Password	
Password hint	
Password	
Password hint	
Password	
Password hint	

Name`	
URL	
User Name	
Recovery email	
Recovery cell#	
Password	
Password hint	
Password	
Password hint	
Password	
Password hint	
Password	
Password hint	
Password	
Password hint	
Password	
Password hint	
Password	
Password hint	
Password	
Password hint	

Name	
URL	
User Name	
Recovery email	
Recovery cell#	
Password	
Password hint	
Password	
Password hint	
Password	
Password hint	
Password	
Password hint	
Password	
Password hint	
Password	
Password hint	
Password	
Password hint	
Password	
Password hint	

Name`	
URL	
User Name	
Recovery email	
Recovery cell#	
Password	
Password hint	
Password	
Password hint	
Password	
Password hint	
Password	
Password hint	
Password	
Password hint	
Password	
Password hint	
Password	
Password hint	
Password	
Password hint	

Name	
URL	
User Name	
Recovery email	
Recovery cell#	
Password	
Password hint	
Password	
Password hint	
Password	
Password hint	
Password	
Password hint	
Password	
Password hint	
Password	
Password hint	
Password	
Password hint	
Password	
Password hint	

Name`	
URL	
User Name	
Recovery email	
Recovery cell#	
Password	
Password hint	
Password	
Password hint	
Password	
Password hint	
Password	
Password hint	
Password	
Password hint	
Password	
Password hint	
Password	
Password hint	
Password	
Password hint	

Name	
URL	
User Name	
Recovery email	
Recovery cell#	
Password	
Password hint	
Password	
Password hint	
Password	
Password hint	
Password	
Password hint	
Password	
Password hint	
Password	
Password hint	
Password	
Password hint	
Password	
Password hint	

Name`	
URL	
User Name	
Recovery email	
Recovery cell#	
Password	
Password hint	
Password	
Password hint	
Password	
Password hint	
Password	
Password hint	
Password	
Password hint	
Password	
Password hint	
Password	
Password hint	
Password	
Password hint	

Name	
URL	
User Name	
Recovery email	
Recovery cell#	
Password	
Password hint	
Password	
Password hint	
Password	
Password hint	
Password	
Password hint	
Password	
Password hint	
Password	
Password hint	
Password	
Password hint	
Password	
Password hint	

Name`	
URL	
User Name	
Recovery email	
Recovery cell#	
Password	
Password hint	
Password	
Password hint	
Password	
Password hint	
Password	
Password hint	
Password	
Password hint	
Password	
Password hint	
Password	
Password hint	
Password	
Password hint	

snapping turtle